Der

Unterlauf des Igatimi

und der

Gran Salto Guayrá des Alto Paraná.

Von

Capt. **Ludwig Jerrmann.**

Mit 2 Original-Kartenskizzen.

Separatabdruck aus den Mittheilungen der Geographischen Gesellschaft
in Hamburg, Band XIV.

HAMBURG:

L. Friederichsen & Co.

(Inhaber Dr. L. Friederichsen.)

1898.

Separatabdruck aus den Mittheilungen der Geographischen Gesellschaft in Hamburg, Bd. XIV.

Der Unterlauf des Igatimi und der Gran Salto Guayrá des Alto Paraná.

Von
Capt. **Ludwig Jerrmann.**

Auf meiner grossen, neunmonatlichen Reise durch Paraguay im Jahre 1896 war ich Anfangs August nach Ípe-hú (schwarze Ente) gekommen, wo ich in dem Dépôt der grossen Yerba-Gesellschaft »Industrial Paraguaya« von dem Majordomo Sñr. Velasquez mit der dem südamerikanischen Waldleben eigenen Gastfreundschaft aufgenommen wurde.

Ipe-hú ist der Indianername eines ehemaligen Militärpostens auf 23° 54′ südlicher Breite und 55° 24′ Westlänge von Greenw. Jetzt ist der Ort verschwunden; im grossen vierjährigen Kriege, der mit dem Tode des blutdürstigen Diktators Lopez endete, waren die Einwohner niedergemetzelt und die leichten Holzgebäude zerstört worden. Später entstand daselbst die obgedachte Niederlassung, deren wenige Holzhäuser mitten im Walde einen der vereinzelt vorgeschobenen Posten der Zivilisation vertreten. Mehrere grosse Corrale — von schweren Holzbalken eingezäunte Höfe — dienen zur Aufnahme des Viehes, wenn es an die in den Yerbales zerstreuten Ranchos als Schlacht- oder Zugvieh vertheilt werden soll. Die nächsten Hügel der Umgebung sind mit Wiesen bedeckt, aber jenseits derselben beginnt der ungeheuere Wald, der sich bis an die Ufer des oberen Paraná erstreckt.

Ich war von Süden über Caa-guasú, Caraguatay und Igatimi gekommen, hatte viele Monate unter dürftigen Lebensverhältnissen, mich zuletzt nur noch von an der Sonne getrocknetem Fleisch sesín ernährend, die Wälder zu Pferde durchzogen, an allen wichtigen Punkten astronomische Ortsbestimmungen gemacht, und beabsichtigte nun, auf dem Rücken des Cerro Amambay weiter nach Norden vorzudringen. Als ich aber im Gespräch mit meinem Wirth und umwohnenden Indianern immer wieder den imposanten Salto Guayrá erwähnen hörte, von dem ich schon soviel gelesen hatte, fasste ich den Entschluss, ihn aufzusuchen.

Einige Tage nach mir kam Sñr. Morle, der Subadministrator der Gesellschaft, mit 1000 Ochsen in Ipe-hú an, die hier mit dem Brandzeichen versehen und dann auf die meilenweit umherliegenden Weidetriften gebracht werden sollten. Herr Morle sowohl als seine Begleiter rühmten den grossen Wasserfall als eine der bedeutendsten Naturwunder Süd-Amerika's, aber Niemand hatte ihn selber gesehen. Bis jetzt wären, so sagte man mir, erst zehn weisse Männer am Fall gewesen, unter ihnen als der Letzte Graf Antonelli, der italienische Gesandte in Buenos Aires, in dessen Begleitung sich ein Photograph aus Asuncion befunden habe.

Man rieth mir einstimmig ab, diese gefährliche Reise so ganz allein, wie ich war, zu unternehmen, sprach von Indianern, Tigern, Schlangen und Gespenstern, und theilte mir als Warnung mit, dass Mr. Seward, ein reicher Amerikaner, trotz vorzüglicher Ausrüstung, den Salto nicht erreicht habe. Ich liess mich jedoch nicht irre machen, sondern traf gleich nachdem Sñr. Morle wieder abgereist war, meine Vorbereitungen zu dem grossen Abstecher nach dem fernen Osten.

In den siebziger Jahren hat die brasilianische Grenzregulirungs-Kommission, und 1884 eine von der italienischen Regierung ausgerüstete wissenschaftliche Expedition unter dem Marineoffizier Bove am Salto Guayrá Beobachtungen angestellt. Die sämmtlichen neuerdings erschienenen Karten hatte ich aber als so unzuverlässig gefunden, und hatte nach meinen astronomischen Beobachtungen eine so grosse Anzahl von geographischen Punkten in Paraguay richtig gestellt, dass es mich reizte, auch über diesen wichtigen Ort, Gewissheit zu erlangen.

Der Alto Paraná bildet, indem er sich in zwei Arme theilt, eine grosse sich von NNO nach SSW erstreckende Insel und nur wenig südlich derselben stürzt er als Gran Salto de Guayrá durch eine tiefe Felsenschlucht des Cerro Maracayú von dem Hochplateau Brasilien's hernieder, aber wenig oberhalb des Falles mündet der von Westen kommende Rio Igatimi in den Riesenstrom Paraná. Es ist hier also des Interessanten viel auf verhältnissmässig engem Raume zusammengedrängt.

Ueber die Möglichkeit, dorthin zu gelangen, war man sich in Ipe-hú nicht ganz klar. Bove war auf dem Paraná von Süden bis zum Fall gegangen, Antonelli war den Igatimi hinabgefahren und dann auf dem Paraná von Norden gekommen; es sollte aber auch eine Picade — (d. i. eine Schneise, ein ausgehauener Waldweg) — vorhanden sein, auf der man von Tacuarati, der letzten Ansiedlung sesshafter Indianer, zu Lande nach dem Fall kommen könne. Nach alledem durfte von einem festen Plane keine Rede sein, und ich musste nur zunächst suchen, Tacuarati zu erreichen.

Leider bot sich mir für diese einsame, wenig beuutzte Strasse keine Reisebegleitung. Ich entschloss mich deshalb, allein aufzubrechen. Der Schwierigkeit halber liess ich mein Packpferd und alle entbehrliche Effekten bei meinem freundlichen Wirthe Sñr. Velasquez in Ipe-hú zurück, nahm die Instrumente, etwas Proviant und das Nothwendigste an Kleidungsstücken mit auf mein Reitpferd, bewaffnete mich mit Falcon — einem hirschfängerartigen Messer — Revolver und dreiläufigem Gewehre, und ritt am 14. August morgens 8^{h} wohlgemuth in die weite Welt nach Osten.

9^{h} 50′ passirte ich den Tacuapiri (Bambu-Schilf), 10^{h} 20′ den Arroyo Aguará, 1,5 Leguas von Ipe-hú, und gleich darnach die Vaqueria gleichen Namens, wo ich etwas rastete. Das ganze Gehöft bestand aus einem grossen, von Quebrachopfählen eingezäunten Corral und einem kleinen Rancho. Der Hausherr war in den Camp (das Feld) geritten, um einige Ochsen zu suchen, die allein anwesende Frau erlaubte mir, unter dem Vordache des Hauses niederzusitzen, von wo ich in das Zimmer mit dem kleinen, sauber gedeckten Altartischchen blicken konnte, während sie in der »Küche«, einem leichten Wetterdache, unter dem ein Kessel auf drei Steinen ruhte, für das Mittagessen sorgte. Ich hatte einen Vorrath gebratenen Fleisches bei mir, wovon ich etwas genoss, denn ihre freundliche Einladung, bis zum Essen zu verweilen, durfte ich nicht annehmen, wenn ich noch vor Einbruch der Dunkelheit die Boca (Mändung) der Picade erreichen wollte. Um 11^{h} brach ich wieder auf und überschritt 1^{h} den Pirayú — 2 Leguas — an dessen anderem Ufer ich absitzen musste, um die Tranquera zu öffnen, ein Thor aus Schranken, dessen wagerechte Stämme in den Löchern zweier starken Pfähle ruhen. Diese Tranqueras sollen das Entweichen des Viehes verhindern, und für jeden Reisenden besteht die stillschweigende Verpflichtung, sie nach Benutzung wieder sorgsam zu verschliessen. Das ist sehr lästig, aber die am Pirayú sollte für mich auf viele Wochen die letzte sein: ich trat in das Gebiet der grossen östlichen Wälder.

Von früheren Streifzügen kannte ich die Gegend bis hierher und wusste, dass die geradeaus führenden Carretenspuren den Weg nach den südlicher gelegenen Quellen des Carapá bildeten, und dass eine Legua weiter der Weg nach der grossen Picada Brasilera nach Norden abzweigt. Aber etwa zwanzig Schritte links vom Passe mündet ein kleiner Bach, dessen Lauf man nur zu folgen braucht, um auf der Hypothenuse des durch die beiden Wege gebildeten Dreieckes mindestens eine Stunde Zeit zu ersparen. Nachdem ich wieder auf den Hauptweg gelangt war, eröffnete sich mir die wundervolle Aussicht auf die hohen Berge des Cerro Maracayú, zwischen denen die vielen tief eingeschnittenen Thalschluchten den Ritt wegen des beständigen Bergauf- und Bergabsteigens so beschwerlich machen.

Um halb drei Uhr sah ich links vom Wege am Abhange eines mässig hohen Berges einen Rancho und beschloss, daselbst zu übernachten. Wegen der vielen dazwischenliegenden Sümpfe erreichte ich die kleine Hütte erst nach einer Stunde Hin- und Herreitens und fand sie ganz verlassen. Nichtsdestoweniger richtete ich mich unter der Vorhalle für die Nacht ein, machte Feuer, holte aus eiuem in der Nähe sprudelnden Bache Wasser und band mein Pferd zum Grasen an. Plötzlich machten sich einige Hühner bemerkbar, so dass es doch scheinen musste, als ob die Hütte bewohnt sei, und bei genauerer Umschau fand ich zwei grosse Sporen an der Wand hängen und in einer Ecke ein Bündel Kleider liegen. Vergebens hoffte ich nun auf die Heimkehr der Bewohner und nach einer sehr unruhigen Nacht, in der ich oft das ekelhafte plärrende Gebrüll der Tiger hörte und genöthigt war, mein ängstlich werdendes Pferd zu beruhigen, war ich froh, als endlich der Tag anbrach.

Früh kochte ich mir Mate, sattelte, liess meinem unbekannten Wirthe als Dank zwei Schachteln Streichhölzer zurück und ritt dann wieder nach dem gestern verlassenen Wege hinunter, auf dem sich aber die Carretengeleise bald verloren, so dass ich mich nur noch nach den alten Pferdespuren richten konnte.

Bald nach 7 Uhr fand ich den Eingang in die grosse Picade, die sich in der Richtung ONO 12 Leguas an dem Nordabhang des Cerro Maracayú hinzieht. Die Boca macht sich durch einen engen Pfad in dichtem Gebüsch leicht kenntlich; davor fand ich Spuren eines vor längerer Zeit benutzten Feuerplatzes. Nach 15 Minuten war das Gebüsch durchquert, eine tiefe Schlucht führte im Zickzack bergab, und mit einemmale befand ich mich im düstern Schatten des grossartigen Hochwaldes.

Die mässige Hitze des südlichen Winters kam mir gut zu statten und nur stellenweise ward ich von Fliegen belästigt, dann aber auch in fast unerträglicher Weise. Besonders waren es die Begué, deren Stich kleine schwarze Flecke hinterlässt, die mir zu schaffen machten. Hatte ich aber ihren Bereich hinter mir, dann konnte ich mich ungestört dem Hochgenusse überlassen, den eine solche Wanderung gewährt. Hoch über mir wölbte sich das grüne Blätterdach, zu beiden Seiten des Weges wechselte dichtes, zwischen den Stämmen der Bäume aufschiessendes Buschwerk mit undurchdringlichen Wänden der prachtvollen Blattpflanze Piguaó, die mir als heimischer Zimmerschmuck so wohl bekannt war. Dann wieder hörte das Buschwerk auf und ich ritt durch eine ganze Insel wunderbar zierlicher niedriger Palmen, die unterhalb der Kronen riesiger Laubbäume ein still geschütztes Dasein zu geniessen schienen. Die tiefste Einsamkeit umgab mich, selbst den Wind spürte ich nicht, der hoch oben die Blätter bewegte und die langen, armdicken Bambushalme wiegte, dass sie knarrend sich zwischen den Aesten der Baumriesen scheuerten. Wie verwirrtes Tauwerk hing zwischen den Zweigen und in langen Buchten von ihnen hernieder eine dichte Masse von Schlingpflanzen aller Art, an denen zuweilen ganz gewaltige, abgebrochene Aeste frei in der Luft schwebend hingen.

Nur zuweilen hörte ich im Walde unbestimmte Laute zu mir herüberschallen, Beweise eines reichen, aber im Busche tief versteckten Thierlebens. Nur die Vögel bekam ich oft zu Gesicht; sie liessen mich dicht heran kommen und blickten mich zutraulich, aber verwundert an. Den gefürchteten, so sehr verschrieenen Tiger habe ich nicht gesehen. Manchmal hörte ich wohl auch bei Tage seitab vom Wege seltsames Gebrumm, das sich aber immer zu entfernen schien. Affen bemerkte ich nur wenige, destomehr kleine und grosse Papageien, deren wildes Geschrei mir oft lästig wurde, besonders Abends, wenn sie in grossen Schaaren angeflogen kamen.

Um Mittag erreichte ich den Corral, eine sich zu einem runden Platze erweiternde Stelle des Weges, die man eingezäunt hatte, um darin mit Thieren rasten zu können; ob er jetzt noch benutzt wird, habe ich nicht erfahren. Ebensowenig hatte man mir gesagt, dass sich in der Nähe ein Wassertümpel, ein sogenannter pozo, befindet, aus dem ich mir hätte meinen sehr geringen Wasservorrath ergänzen können.

Ohne mich aufzuhalten, ritt ich weiter in der Hoffnung, noch vor Abend den Ausgang der Picade zu erreichen, aber als ich um 4 Uhr immer noch im Walde war, ohne zu wissen, wie lange ich noch darin zu reiten hätte, wurde ich sehr unruhig, und als ich einen sich abzweigenden Seitenweg erblickte, erinnerte ich mich, von einem Rancho gehört zu haben, der hier in der Nähe einst sollte bearbeitet worden sein. Ich wähle diesen Ausdruck, weil man unter Rancho im Walde nicht nur die Hütte, sondern den ganzen dazu gehörigen Arbeitsbereich versteht.

Es dauerte auch nicht lange, so kam ich an mehrere halb verfallene Hütten, in denen ich mich für die Nacht einrichtete. Mit Fleisch war ich noch auf mehrere Mahlzeiten, dagegen mit Wasser und Futter nur sehr schlecht versorgt. Eine Handvoll Mais fand sich noch im Sacke für das Pferd, nirgends aber Wasser, denn ein ehemaliges Loch für Regenzuflüsse war gänzlich ausgetrocknet. Weide gab es hier im dichten Walde garnicht, und endlich zwang der quälende Hunger mein armes Thier, die trockenen Pindóblätter herunterzureissen, womit die kleineren Hütten gedeckt waren.

Während der Nacht ward ich unsäglich von allerhand Ungeziefer gequält, wovon besonders die alten unbewohnten Gebäude wimmeln. Der Vollmond schien sehr hell und ein stürmischer Wind jagte die Wolken an ihm vorüber, die dann gespenstige Schatten über meinen Lagerplatz warfen. Die grossartige Einsamkeit inmitten des Waldes machte mir einen ergreifenden Eindruck. Mehrere Male liess sich der Schrei irgend eines Vogels hören und dann tönte es von hunderten von Stimmen aus allen Seiten zurück, bis sich die durch irgend etwas erschreckte Thierwelt wieder beruhigte.

Als ich am andern Morgen, den 16. August, aufbrach, hatte sich der Wind noch nicht gelegt und trieb noch immer viel Wolken vor sich her, worüber ich mich ärgerte, weil ich gehofft hatte, am Abend eine Sternbedeckung beobachten zu können. Diese Sorge ward aber bald von einer weit ernsteren in den Hintergrund gedrängt, als ich nach etwa einer Stunde mir klar wurde, auf dem falschen Wege zu sein. In der Bewunderung der herrlichen Orchideen, mit welchen viele Baumstämme vom Boden bis zur Krone bedeckt waren, hatte ich den Irrthum nicht früher gemerkt. Es blieb mir nichts übrig, als zum Rancho zurückzukehren und von dort aus den richtigen Ausgang zu suchen. Darüber verging fast der ganze Tag und als sich die Sonne schon bedenklich neigte, traten mir die schauerlichsten Bilder von dem möglichen, ja wahrscheinlichen Ausgang dieses Abenteuers vor die Seele. Vor Einbruch der gänzlichen Dunkelheit wollte ich aber noch einen letzten Versuch wagen und ging, um das Pferd zu schonen, zu Fuss aufs Gerathewohl in eine der vielen vom Rancho abstrahlenden kleinen Picaden, und kaum war ich 3 bis

400 Schritt in derselben vorgedrungen, als ich aus der Entfernung Stimmen zu hören meinte. Die aufgeregte Phantasie hatte mir gleiche Töne schon den ganzen Tag vorgegaukelt, aber dies Mal traf ich wirklich sehr bald auf einige Reiter, die gerade abschwenken wollten, um auf einem Seitenwege nach dem neuen Rancho Patino zu gehen, der vor langer Zeit errichtet worden war, nachdem die Gegend des älteren, in dem ich lagerte, abgewirthschaftet war. Sie nahmen mich und das Pferd mit sich, und ich war gerettet, wie durch ein Wunder, denn ich hätte die weit entfernten und sehr versteckten neuen Hütten nie entdecken können. Im Rancho meiner so zufällig gefundenen Wirthe gab es weniger Flöhe und Ameisen, und da die erwartete Occultation überhaupt für meinen Ort nicht stattfand, sondern der Mond seitlich am Antares vorbeiging, überliess ich mich auf dem glattgestampften Boden des Barbacua-Schuppens[1]) der sehr nothwendigen Ruhe.

Am 17. früh brachte man mich auf den richtigen Weg nach der von diesem Rancho etwas weit enfernten Picade, deren Pfad sich von nun an immer beschwerlicher zeigte. Grosse Baumstämme lagen quer darüber gestürzt, in welche frühere Reisende Stufen gehauen hatten, um den Pferden das Ueberklettern möglich zu machen; an anderen Stellen hatte man um die Krone oder die Wurzel eine kleine Picade im Bogen herumgehauen; ein Mal aber kam ich auch an einen solchen gestürzten Riesen, der erst nach dem letzten Passanten gefallen war, wo ich also das Herstellen eines Umweges selber mit grosser Mühe und Zeitverlust besorgen musste.

Der Wind legte sich und schöner Sonnenschein flimmerte durch das grüne Blätterdach. Hier sah ich die niedlichen, dünnstämmigen Jechy-Palmen zum ersten Male, die ihre eleganten Formen über den von grossen gelben Früchten behangenen wilden Apfelsinenbäumen wiegten. Um 1 Uhr stieg ich in ein liebliches tiefes Thal auf steilem Pfade hinab, durch welches sich der Arroyo Moroti, ein südlicher Zufluss des Igatimi, nach Norden schlängelt. Sein feuchter Ufersand war trotz der Winterzeit mit bunten Schmetterlingen bedeckt, unter denen besonders häufig die bekannte grosse blaue Art und ein citronengelber Segler war. Sie sassen träge im Schlamm und wichen nur widerwillig den Tritten meines Pferdes. In der Mitte des Baches blieb dieses stehen, um seinen Durst zu löschen, und auch ich liess meine Guampa (Kuhhornbecher) am Lederriemen hinab, um mich an dem klaren Wasser zu erfrischen. Auf der andern Seite des Flüsschens

---

[1]) Barbacua ist der Raum, wo die Yerbablätter geröstet werden.

ging es wieder ebenso steil die Felsen hinauf, in deren Spalten wunderbar schöne Farnenkräuter üppig wucherten, und bald darauf verrieth mir ein Hahnenschrei die Nähe eines Indianerdorfes, das ich ohne sonderliche Mühe seitab vom Wege in einer gerodeten Lichtung des Waldes fand. Als ich aus dem Dickicht trat, ergriffen einige Weiber und Kinder vor mir die Flucht, aber auf ihr Geschrei kamen zwei Männer herbei, mit denen ich mich bald verständigte, so dass ich freundlich eingeladen wurde, in einer der Hütten auszuruhen.

Das Dorf bestand aus sieben Häusern, deren Bewohner fest ansässig waren und Landbau nach ihrer Weise trieben, das heisst, sie fällten und brannten ein Stück Wald leer, machten Löcher in die Erde und steckten Maiskörner hinein, aus denen dann zwischen all dem andern Unkraut und Gestrüpp regellos die Maishalme emporwuchsen. Nebenbei gesagt, macht es der Paraguayer nicht viel anders. Rationell betrieben, könnten natürlich ganz andere Erfolge erreicht werden, aber dazu fehlen die Arbeitskräfte.

Nach zweistündiger Rast bat ich meinen Wirth, mich bis zum Ausgang der Picade zu begleiten, worin er nur nach langem Widerstreben seiner Frau willigte. Er nahm all seine Waffen mit, weigerte sich jedoch hartnäckig, voran zu gehen; er war augenscheinlich misstrauisch, was ich ihm mit Rücksicht auf meinen wilden Reiseanzug nicht gerade verdenken konnte. Als ich mich nach einer kurzen Strecke nach ihm umschaute, sah ich ihn dicht bei mir, aber etwas weiter hinter ihm folgte uns die Frau, offenbar von Sorge um die Sicherheit ihres Mannes erfüllt.

Eine halbe Legua weiter traten wir aus dem Walde, der sich hier in grossem Kreise um eine baumfreie Thalmulde zieht, in deren Tiefe ich den Arroyo Gavilan erkannte und zwei Häuser. Diese bezeichnete mir meine Führer als die »Ortschaft« Vagneria-mi und kehrte, mit einer Perlenschnur für die treue Gattin belohnt, in sein Dorf zurück.

Um 4 Uhr Abends erreichte ich das erste Haus, in welchem ein paraguayscher Landmann mit zahlreicher Familie wohnt, und nach Durchreiten des Baches ein Yerba-Dépôt, wo ich bat, die Nacht bleiben zu dürfen. Der Verwalter der Niederlage lebte hier ganz allein mit einer Frau und ergriff sofort die Gelegenheit, mich um ein Heilmittel für sein bösartiges, handbreites Beingeschwür zu bitten, ein Leiden, dem man im ganzen Lande überaus häufig begegnet.

In der Nacht hörte ich deutlich das entfernte Rauschen einer Stromschnelle im Igatimi, der nur eine halbe Legua entfernt sein soll. Ein Weg führt zu einem Anlegeplatz für Chatas (Lastschiffe), der sich Puerto Alegre nennt. Von dem weiter stromab liegenden Orte Arroyo Mocoi war ich jetzt nur noch 4½ Leguas entfernt, und der Weg dahin ist für Carreten fahrbar.

Am 18. August früh 7 Uhr ritt ich weiter, und ward gleich bei dem Eintritt in den Wald von Mosquitos überfallen, die mich eine halbe Stunde lang verfolgten bis an den Arroyo Tereré. Dann führt der sehr felsige Weg ziemlich steil bergan, überschreitet den Arroyo Guasú, und trifft auf einer kleinen Hochebene das Dörfchen Sapui-mi. Gleich jenseits desselben fliesst ein zweiter Arroyo Guasú; auch er fällt, wie all die anderen passirten Gewässer, nach kurzem Laufe in den Igatimi.

Jetzt hatte ich noch auf einem ziemlich hohen Bergrücken zwei Leguas zurückzulegen, dann sah ich ein breites Thal tief unter mir sich bis an den Rio Igatimi erstrecken, in welchem zwei Bäche dicht neben einander dem Flusse zueilen und deshalb beide den Namen Mocoi (zwei) tragen. Zwischen ihnen liegt das grosse Dépôt der Industrial Paraguay, jenseits der zwei Bäche, 1 Kilometer vom Flusse, das ebenso bedeutende Gehöft der brasilianischen Compania Mate Larangeira. In letzterem kehrte ich ein und ward auch hier mit landesüblicher Gastfreundschaft aufgenommen.

Ausser einem langen, niedrigen Hauptgebäude, in welchem sich die Wohnräume des Majordomo, des Materialverwalters und eines Zollbeamten befanden, hatte man noch einige leichte Ranchos für die Vorarbeiter und Knechte errichtet, und jenseits einer breiten Pferdeweide lag ein Arbeitsschuppen für Stellmacher und Schmied, eine Farinhamühle mit Röstofen, ein mächtig grosses Wetterdach für die Pferde und Maulthiere, und näher am Hause eine ziemlich geräumige Küche.

Nach Landessitte sorgt Jedermann selber für sein Reitthier, auch die Frauen thun dies, so dass es mich nicht wunderte, dass mir Niemand beim Absatteln half. Aber während Sñr. Gimenez mit mir sprach, sammelten sich mehrere Gauchos um uns an, die mir neugierig zuschauten und über jedes abgepackte Stück flüsternd ihre Bemerkungen machten.

Unter der breiten Vorhalle wurde gerade das Mittagessen aufgetragen, und ich liess mir das Locro-Gericht (Suppe mit geschältem Mais) trefflich schmecken. Die Unterhaltung war lebhaft, denn der Zweck meines Kommens erregte die allgemeine Neugier. Man vermuthete in mir einen Goldsucher, und erstaunte höchlichst, als ich die Absicht aussprach, den Salto Guayrá aufzusuchen und dort wissenschaftliche Beobachtungen anzustellen. Der Majordomo meinte, dass ich wohl bis zu dem letzten Indianerdorf Tacuarati (Bambushain) zu Pferde gelangen könne, darüber hinaus jedoch wusste er mir nicht zu rathen. Mein Gegenüber, der capataz (Vorarbeiter) auf dem Hof, ein langer, schlanker Argentiner in weissbaumwollenem Hemd und Hose, den Schlapphut auf dem Kopfe, dem hirschledernen Tirador mit zahlreichen Silbermünzen verziert, an den nackten Füssen pfundschwere Sporen mit thalergrossen Rädern, behauptete, es gäbe von dort noch eine Picade von 10 Leguas Länge, die bis zum Fall führe. Man stritt über diese Picade hin und her, ein Feldmesser sollte sie vor Jahren geschlagen haben, sie sei jedoch längst wieder zugewachsen. Bestimmtes aber wusste man nicht, und Alle meinten, ich müsste mich in Tacuarati bei den Indianern befragen. Schliesslich bot mir der Contador (Buchhalter) an, mich am Abend, wenn es kühler geworden wäre, bis Caa-verá zu begleiten, damit mir morgen der Tagesmarsch bis Tacuarati nicht zu lang würde.

Um 12 Uhr Mittags beobachtete ich die Meridianhöhe der Sonne und stellte die geographische Breite unseres Ortes auf 23°50′6″ S fest.

Nachmittags ging ich zu dem 1 Kilometer entfernten Fluss Igatimi hinunter und nahm ein erfrischendes Bad. Leider verlor ich dabei meine letzte Seife, die hier nicht zu ersetzen war. Der Strom macht ober- und unterhalb Mocoi zahlreiche Windungen und hat ein sehr starkes Gefälle. Die Ufer sind hoch und dicht bewaldet. Die Breite habe ich auf 30 Meter geschätzt. Der Strom ist schiffbar und wird von Chatas (Lastkähnen) befahren, welche die in den Wäldern gewonnene Yerba weiter nach Westen bringen. In der Nähe von Arroyo Mocoi liegen acht Indianeransiedlungen, deren Insassen einen regen Verkehr mit den Dépôts unterhalten. Gegen Abend kam ein ganzer Trupp nach Mocoi, 14 Männer und 4 Frauen, erstere mit baumwollnen Hosen und Hemden bekleidet, die Weiber hatten nur Tücher um die Hüfte gebunden, oder trugen sie unter den Achseln um den Leib geschlagen.

Nach dem Abendessen versammelten sich alle Knechte unter der Vorhalle des Hauptgebäudes, um nach einer Harmonika und zwei Guitarren zu tanzen; die Damen barfuss im Hemde, die Herren mit den riesenhaften Sporen an den nackten Füssen und dem Poncho über der Schulter. Ich durfte mich trotz meiner schweren Reitstiefel nicht ausschliessen und tanzte mit Doña Anita, der Frau des Koches, einige Habaneras und den Santa Fé bis die Zeit zum Satteln gekommen war.

Um 9 Uhr ritt ich in Begleitung des Buchhalters beim hellen Mondenscheine ab, zuerst in südlicher, dann nordöstlicher Richtung über sandigen Hügel durch lichtes Gehölz mit wenig Buschwerk, Erst in der Nähe des Flüsschens Caa-verà (blinkendes Laub) fanden wir wieder das richtige Waldgebirge. Um 11 Uhr Nachts erreichten wir nach Zurücklegung von 2½ Leguas Weg einen Rancho vor dem Oertchen, welches ebenso wie der Bach heisst, und machten uns unter einem leichten Wetterdache unser Lager zurecht.

Am 19. August früh 6 Uhr ritt ich allein weiter und kam um 8^h an den 2 Leguas entfernten Eingang in die Picada Tacuartì. Bis hierher hatte ich mich an den bunten Farben des seitwärts liegenden Waldrandes erfreut, dessen hohe Tadjì (Lapacho-Bäume) um diese Jahreszeit 4 bis 5 Wochen völlig entblättert, aber über und über dicht mit carmesinrothen Blüthen bedeckt sind. In der Picade aber umgab mich wieder das üppige Grün der gewaltig wuchernden Blattpflanzen und Farnenkräuter, aus deren Dickicht schlanke Palmen, Cacteen. Bambus und Agaven emporragten und sich in dem tiefen Schatten des dichten, hoch über ihnen sich wölbenden Blätterdaches, nachdenklich wiegten. Der helle Ruf des Glockenvogels (nguirà-ità) erinnerte mich lebhaft an das Klopfen des Spechtes in unseren deutschen Wäldern, und wechselte beständig ab mit den sanft, aber deutlich und korrekt heruntergesungenen vier Tönen eines Mollakkordes, den der liebliche Urutaú stundenlang wiederholte.

Eine reichliche Legua von der »Boca« der Picade liegt ein Indianerdorf auf einem Berge, dessen nördlicher Abhang nur wenig Baumwuchs hatte, und daher eine ungehinderte Aussicht auf das davorliegende romantische Thal gewährte. Der Besitzer des ersten, alleinstehenden Hauses nannte sich Sargente Y (Leutnant Wasser). Jeder Dorfälteste trägt einen militärischen Titel, den er sich von einem brasilianischen Beamten, und wäre es auch nur ein Grenzaufseher, bestätigen lässt. Weiter im Walde hört dies Liebäugeln mit der Zivilisation auf.

Nach ferneren zwei Leguas passirte ich den Arroyo occulto und kam dann auf sehr schmalem Wege in einen hohen Bambuswald, wo ich die erste Begegnung mit einer Schlange hatte. Ich wäre fast arglos über sie hinweggeritten, als ich noch zum Glücke das sechs bis sieben Fuss lange Thier dicht vor mir auf dem hellen Sande des Weges still liegen sah. Ich führte zwar stets, wie Jedermann hier zu Lande, meine kleine Spritze für subkutane Injektion von hypermangansaurem Kali bei mir, hatte aber gehört, dass es noch nicht gelungen sei, auch Pferde und Rinder mit diesem Gegengifte zu retten. Vermuthlich macht die dickere Haut Schwierigkeiten bei der Applikation. Die Schlange war ganz schwarz mit gelben Flecken in der Nähe des

Kopfes. Ich wagte es nicht, sie zu reizen, und musste deshalb wohl zehn Minuten halten, bis sie mich bemerkt hatte und ganz langsam in das Gebüsch kroch.

Nun kam ich über einen Berg und durch eine tiefe, aber trockene Schlucht, und dann trat an die Stelle des Bambus ein dichter Hain von hohen Farnen mit baumdicken Stämmen, die später wieder ihrerseits den riesigen Blättern der üppig wuchernden Piguaò Platz machten, und dann langte ich um ein Uhr bei einem grossen Dorfe an, dessen dunkelfarbige Bewohner mir freundlich gestatteten, bei ihnen über Mittag zu rasten. Es musste kürzlich ein Festtag gewesen sein, da ich alle Weiber und Kinder sehr hübsch roth und blau frisch angemalt sah. Ich ass ein Stückchen von meinem am Sattel hängenden Fleische, ein kleines Mädchen, das Anfangs sehr scheu gewesen, brachte mir schalkhaft lächelnd eine gebackene Süsskartoffel (jety) und zum Nachtisch setzte man mir eine hübsch geflochtene Tellerschale voll Manduví-Nüsse vor.

Um 3 Uhr brach ich wieder auf, durchritt den etwa 1½ km vom Dorfe vorbeifliessenden Sombrero, eine Legua weiter den Sombrerito, kurze Zeit darauf den Azorí und erreichte um ½6 Uhr am Ausgang der Picade eine alleinstehende Indianerhütte, deren Bewohner aber nicht zu Hause waren. Es dunkelte bereits bedenklich, als ich über eine Lichtung reitend, vor mir abermals den Weg sich in dichtem Buschwerk verlieren sah, und schon wollte ich zu dem einsamen Hause zurückkehren, als ich etwas seitwärts einen Mann erblickte, der auf mein Rufen zögernd näher kam. Um ihm allen Argwohn zu benehmen, stieg ich vom Pferde, hing meine Flinte an den Sattelknopf und schritt ruhig auf ihn zu, ihm beide Hände entgegenstreckend. Diese Taktik hatte den gewünschten Erfolg, er zeigte sich bereit, mich zu führen, und brachte mich um 7 Uhr Abends in das lang ersehnte Tacuaratí.

Der erste Eindruck war etwas unbehaglich, da sich sofort eine grössere Menge dunkler Gestalten neugierig um mich versammelte, aber nachdem mein Führer mit dem Pai, dem Priester, einem ganz alten Manne in weissem Haar, längere Zeit gesprochen, und ich die nöthigen Erklärungen gegeben hatte, ward mir ein am Ende des Dorfes stehendes, auf vier Pfählen ruhendes Wetterdach als Nachtquartier angewiesen. Unter ihm sattelte ich ab, hing meine Hängematte auf und nachdem ein Bursche das Pferd an einen Weideplatz geführt hatte, überliess ich mich einem ungestörten Schlafe.

Am andern Morgen, als ich gerade fröstelnd den Kopf durch das Loch in der Mitte des Poncho steckte, kam ein gutmüthig ausschauender Mann zu mir, in dem ich bald meinen gestrigen Führer erkannte; er lud mich ein, ihm zu folgen und führte mich in eine der nächsten Hütten, wo ich im Kreise der Familie am Feuer niederkauerte. Der Mate ging von Hand zu Hand und bald war eine gewisse Vertraulichkeit hergestellt. Ausser meinem Wirthe gehörten zur Familie zwei alte und eine junge Frau, sowie deren drei kleine Kinder, von denen zwei schon laufen konnten.

Die Wände des Rancho bestanden nur aus Bambusstämmen, die man nebeneinander in die Erde gesteckt und mit Isipo-hú, einer Schlingpflanze, festgebunden hatte. Nirgends sah ich einen Lehmbewurf, aber an einigen Stellen hingen Strohmatten an den Wänden zum Schutz gegen Zugwind. Die Dächer waren mit Palmenblättern oder getrocknetem Gras eingedeckt. Hohle Porongos in allen Grössen und oft wunderlichen Gestalten dienten als Wasserbehälter oder Trinkgefässe und standen an der Erde oder hingen in den Ecken. Einige hölzerne oder irdene Kochgeschirre, schön gearbeitete Waffen und mehrere geflochtene Hängematten vervollständigten die Einrichtung.

Während unseres Frühtrunkes kam ein junger Bursche mit der Meldung, dass der Mburubischá, der Häuptling, von seiner Reise zurückgekehrt sei und mich zu sehen wünsche. Wir trafen ihn vor seinem Hause im Gespräch mit dem alten Priester und verschiedenen Männern, die mich ernst aber nicht unfreundlich betrachteten. Er schien mir ein Mann in mittlerem Alter zu sein; später erfuhr ich, dass er schon siebzig Jahre zähle. Er trug Hosen, Hemde und eine mit Federn sehr schön geschmückte Kopfbinde, die sogenannte Jeguaká, das Zeichen seiner Würde. Als ich ihm meinen Wunsch äusserte, nach dem grossen Wasserfall zu reisen, schüttelte er bedenklich den Kopf und machte allerhand Einwürfe: die von mir erwähnte Picade sei schon seit langer Zeit wieder zugewachsen, das grosse Y-gá (Canoe) defekt, das kleine für die weite Fahrt auf dem Strom nicht ausreichend, und er wisse nicht, ob ich das Boot des Depots Iva-hú erhalten könnte. Augenblicklich wenigstens sei dasselbe einige Tagereisen stromaufwärts beschäftigt, so dass ich jedenfalls noch unbestimmte Zeit würde warten müssen. Wenn ich dies wollte, so werde mir gern erlaubt sein, bei ihnen zu bleiben, so lange dies nöthig sei. Ich nahm diesen Vorschlag dankend an, und ward nun förmlich als »dazugehörig« auch mit einem richtigen Indianernamen belegt: ich hiess von nun an Paí Pacová, zu deutsch »Herzlieb Banane«[1]).

[1]) Paí, ursprünglich »Vater«, wird für jede Person, sogar kleine Kinder, als Schmeichelname benutzt, sodass obige Deutung wohl gestattet erscheinen darf.

So lebte ich nun vollständig als einer der Ihrigen unter diesen einfachen Leuten. Ich ging mit ihnen auf die Jagd oder Honigsuche, theilte mit ihnen meine Beute und zeigte mich für besondere Gefälligkeiten mit Glasperlen erkenntlich. Meine astronomischen Beobachtungen erregten ihre höchste Verwunderung, aber zugleich auch das für den künstlichen Horizont benutzte Qnecksilber ihre unumwundene Begierde. Wozu sie es haben wollten, brachte ich nicht in Erfahrung, vermuthlich als Amulet gegen den Padjé, den weitverbreiteten Zauber, mit welchem man dem Feinde allerhand Krankheiten, Blödsinn, zum Tode führendes Siechthum u. s. w. anhexen kann. Die Furcht vor dem Padjé ist so gross, dass sogar in Asuncion kein Hehl daraus gemacht wird. Mir sagte einmal eine Dame, als ich ihr eine Blume schenkte: »Freuen Sie sich nicht, dass ich daran rieche? Von einem Fremden empfangen, würde ich sie aus Besorgniss vor einem Padjé nur dankend an die Brust stecken.« Ich hatte schon davon gehört, dass man mit Padjé bestreute Blumen dazu benutzte, um eine angebetete Person zur Gegenliebe zu zwingen. Eine Cigarre aber kann man unbedenklich rauchen, sie komme von wem sie nur immer wolle, wenn man drei Mal leise den Namen Jesu murmelt ehe man sie anzündet. Als mir die Habsucht der Leute anfing bedenklich zu werden, schenkte ich, obwohl mein Vorrath an Quecksilber nur gering war, einige Tropfen davon dem Häuptling gegen die Zusicherung, dass er es nicht als Medizin benutzen und mich vor der Zudringlichkeit seiner Leute schützen wolle.

Tacuaratí ist die letzte feste Ansiedlung und bildet die äusserste östliche Grenze der Zivilisation, denn jenseits im Walde leben nur umherstreifende kleinere oder grössere Trupps. Bis an den Paraná leben die Cainguá, die im Norden bis über den Rio Amambay reichen. Sie sind ein sehr zahlreicher Stamm und verbreiten sich im Süden bis nach Argentinien, die kleineren Völkerinseln der Tupis und Guajakís am Ostufer des Paraná zwischen 25° und 27° Breite im Bogen umfassend. Auch die Bewohner von Tacuaratí (Bambuswald) sind Cainguá, aus deren Verbindung mit den ersten spanischen Konquistadoren die Mischlingsrasse der Paraguayer hervorgegangen ist. Sie sprechen ein reineres Guaraní als man es in den hispanisirten Landestheilen findet; viele von ihnen, besonders die Männer gehen bekleidet, während manche Frauen nur einen Schurz tragen. An Waffen findet man bei ihnen eingehandelte Messer und selbstgefertigte Bogen, deren Sehnen von einer aus den Fasern der Caraguata gedrehten Schnur gemacht wird, während ich bei den Lenguas am Westufer des Paraguay, im Chaco, nur lederne Bogensehnen antraf.

Die Frauen verspinnen die wildwachsende Baumwolle (mandijú) und weben daraus vorzüglichen Stoff, der zu Ponchos, Kopf- und Leibbinden, sowie zu Hängematten verarbeitet wird. Auch färben sie das Garn und verstehen die Buntweberei. Die Herstellung sehr dauerhafter schöner Farben aus Pflanzenstoffen betreiben sie mit viel Geschick und verwenden dieselben nicht nur zum Färben des Garnes, sondern auch zum Bemalen des Gesichtes. Letzteres wird mit grosser Sorgfalt ausgeführt, da jeder Stamm seine besonderen Farben und Muster der Figuren anwendet, und das hohle Rohr, in welchem sie die dazu nöthigen Instrumente aufbewahren, ist der einzige Toilettegegenstand, auf den sie Werth legen.

Als sonstigen Schmuck benutzen sie reich mit bunten Federn verzierte Kopf-, Bein- und Armbinden, wobei sie ausserordentlich viel Geschmack entwickeln. Die Männer tragen in einem Loch der Unterlippe einen längeren oder kürzeren dünnen Stab aus Ysy (Harz), den sogenannten Lippenpfeil, oder wie die Spanier sagen, Barbote.

Man hat mir auch von einer Seide erzählt, die sie aus den Spinnweben gewinnen, welche eine kleine rothe Spinne zur Herbstzeit im Walde an beinahe allen Zweigen aufhängt, doch habe ich dieses Fabrikat nicht selbst gesehen.

Ihre Bogen, guira-pá, sind 1,5 bis 1,75 Meter lang, aus Curupaí-Holz geschnitten, mit Sehnen von Pflanzenfasern. Die ebenso langen Pfeile (chu-í) haben eine zwei Fuss lange Spitze in Form einer schmalen Lanzenklinge, oft mit Widerhaken an der einen, auch wohl an beiden Seiten. Der Schaft des Pfeiles ist aus dünnem Rohr, an welches vorne die Spitze und hinten Papageienfedern befestigt werden. Will man Vögel um ihrer Federn willen schiessen, so benutzt man Pfeile, die statt der erwähnten Spitze einen wallnussgrossen Knopf tragen, um die Federn nicht durch Blut zu verunreinigen. Solche Pfeile nennen sie guirá-apyá.

Der grösste Theil von ihnen wird mit Recht als »zahme Indianer« bezeichnet, obgleich Fälle von Angriffen auf Weisse, sogar Mordthaten, mitunter vorkommen; doch mögen wohl die Betroffenen meistens nicht ohne Schuld sein. Die Cainguá führen ausnahmslos ein vortreffliches Eheleben, und es findet die Vielweiberei nur ganz selten statt. Vom Christenthum ist keine Spur vorhanden. Um so auffallender sind die grossen Kreuze vor den Häusern und die kleineren, die sie bei ihrem Gottesdienst verwenden. Die zuweilen ausgesprochene Ansicht, dass dies Reminiszenzen aus der Jesuitenzeit seien, glaube ich bezweifeln zu dürfen.

Die geographische Breite von Tacuaratí habe ich nach astronomischen Beobachtungen mit 23° 45′ 0″ S festgestellt. Die Ergebnisse meiner Längenbeobachtungen zu veröffentlichen, nehme ich Anstand wegen der vielen Zufälligkeiten, denen mein Chronometer während dieser sehr beschwerlichen, langen Reise ausgesetzt gewesen ist, die möglicherweise auf seinen Gang nicht ohne Einfluss geblieben sein dürften. Sie sind mir aber werthvolles Vergleichsmaterial für etwaige spätere Beobachtungen in derselben Gegend. Dahingegen habe ich sehr aufmerksam nach Kompassrichtung und zurückgelegten Distanzen während meiner ganzen Reise von Ipe-hú bis an den Salto die geographische Länge der einzelnen Orte, sowie meiner Flussübergänge festgestellt. Die Ergebnisse dieser Berechnungen, nach welchen ich dann die beigefügte Skizze entworfen habe, füge ich am Schlusse übersichtlich zusammengestellt bei.

Allmählich wurde ich mit den Eingeborenen recht vertraut und streifte in ihrer Begleitung viel durch die umliegenden Wälder, wobei ich die grosse Geschicklichkeit zu bewundern Gelegenheit fand, mit der sie sich im dichten Urwalde zurechtfanden und dann sich den Weg durch das verworrene Gestrüpp mit dem Haumesser bahnten, und dies so schnell bewerkstelligten, dass ich oft nicht zn folgen vermochte. Leider musste ich den Mangel guter Hunde bitter empfinden, so dass wir die ganze Jagd nur auf Indianerart betreiben konnten und dann nur geringe Beute nach Hause brachten. Unter dieser spielte der Yakú, ein grosser, dem Auerhahn ähnlicher Vogel, die Hauptrolle, und Frau Uinty machte stets ein freundliches Gesicht, wenn wir einen solchen mitbrachten. Oft waren diese Streifzüge recht beschwerlich wegen der von Jakarés (Aligatoren) wimmelnden Sümpfe, und hinterher mussten wir uns immer gegenseitig die Jatevú (Zecken) vom Leibe ablesen. Mein grosser Wunsch, einen Jagua-reté[1]) zu erlegen, blieb unerfüllt. Oft fanden wir wohlschmeckende Früchte, als arasá (Guajaven) an niedrigen Sträuchern, und Jvirá-porún, ein hoher Baum mit den Eigenthümlichkeiten, dass die schwarzen Kirschen fast ohne Stiel direkt am Stamme wachsen und ferner, dass immer zwei Blätter aus einem dritten hervorspriessen, das als Stengel dient. Sehr willkommen waren mir auch die grossen Jataibá-Nüsse, mit je zwei stark nach Chocolade schmeckenden Kernen in einer Schale.

Eines Tages wurden die Schmerzen in meinen Füssen unerträglich, und auf Befragen erklärte man mir, dass ich sehr viel tung (Sand-

[1]) Jagua-reté ist der Jaguar. Die wörtliche Uebersetzung ist jaguá = Hund, und rete = die euphemistische Form von heté = Körper, also: Hundeleib. Wir nennen das Thier Jaguar, der Paraguayer sagt ganz allgemein Tiger.

flöhe), auf Spanisch (piques) hätte, die sofort ausgegraben werden müssten. Man zeigte mir in der einen Hütte einen sechsjährigen Knaben, dessen Finger und Zehen so dick angeschwollen waren, dass er sowohl Hände wie Füsse nicht mehr gebrauchen konnte. Er litt sehr und war körperlich ganz heruntergekommen, so dass Alle meinten, ihm wäre nicht mehr zu helfen, er müsse an den vernachlässigten Sandflöhen sterben.

Das Ausgraben muss ausserordentlich vorsichtig geschehen, damit das unter der Haut befindliche, oft apfelkerngrosse Eiersäckchen nicht zerstört und der jungen Brut nicht das Eindringen in das Fleisch ermöglicht werde. Die Prozedur ist äusserst schmerzhaft, besonders unter den Nägeln, und lässt sich am leichtesten ertragen, wenn sie von geschickten Frauenhänden ausgeführt wird. Uinty und ihre Freundinnen gruben mir 56 Sandflöhe aus, und amüsirten sich über meine Schmerzenslaute höchlichst unter Lachen und Juchzen, wenn sie einen neuen »tung« entdeckt hatten. Nach Beendigung der Qual rieben sie die Wunden mit Asche ein und verboten mir, vor völliger Heilung zu baden, da ich dann unfehlbar sterben müsse.

Die »tung« war ich nun los, aber die »tungasu« quälten mich weiter. Das sind aber keine Sandflöhe.

Jedes Haus hatte zur Belustigung der Kinder seine kleine Menagerie, und das Zwitschern, Quarren und Quieken liess sich überall hören zwischen dem fröhlichen Gelächter der Kleinen. Da sah man rothe und blaue Arara, kleine Singvögelchen, Affen und zahme Guatí, während im Freien ein zahmer Niandú (der amerikanische Strauss Emu) und ein tujujú (Storch) einherspazierten, und ausser diesen Gefangenen auch zahllose mainumbí (Kolibri) als freiwillige Gäste die schützenden Dächer aufsuchten.

Eines Abends sass ich mit meinen Freunden am Feuer beim Mahle, nachdem uns ein kräftiges Essen für die Anstrengungen der Jagd belohnt hatte: ein fetter Mointú, (dem Jakú sehr ähnlich) und dazu etwas mbedjú (Gebäck aus Mandiocamehl). Die Kinder leckten noch von den Fingern den Rest ihres myngaú[1]) und wühlten, an der Erde sitzend, mit den Füsschen in der warmen Asche, als plötzlich mein Wirth die Hand erhob und mich fragte: »nde re-hendú-pa curi, hast Du gehört?« Ich nickte mit dem Kopfe, »ara-sunú, es donnert o-ú ára poschý, es kommt ein Gewitter.«

Ich wollte aufstehen, um nach dem Wetter zu sehen, als ich ihn fragen hörte:

[1]) Ist guaraní; zu deutsch »Mehlbrei«.

»Mamó-pa o-imé jaruich? wo ist die Grossmutter?«

»Gyhá i pýpe, in der Hängematte, o nje mondig-curi tediú-rehe, sie hat sich über eine Eidechse erschreckt, ha o hasý, und nun ist sie krank.«

Haé tudiá-ité-pa? sie ist wohl sehr alt?«

Heé, tudiá-ité, jawohl, sehr alt.«

Wir traten zu der alten Frau, ich fühlte ihr den Puls und sagte: »Hae ancá nandú, sie hat Fieber, ta-ru-mina coéramo petein pohá, erlaube mir, morgen ein Heilmittel zu bringen.«

Die Sache schien nicht bedenklich und ich verabschiedete mich von dem Manne: »To-hó porán-ité co pyharé, es möge dir gut gehen diese Nacht.«

Unter meinem Wetterdach streckte ich mich auf die Decken, um noch die letzten Züge aus einer der wenigen Cigarren zu thun, die ich noch besass. Die Luft war schwül und zahllose muá (Leuchtkäfer) umschwärmten mein Lager. Aus der Entfernung tönte der klagende Ruf »socorro, socorro!«[1]) zu mir herüber, den der jacaberé, eine Schnepfe von zierlicher Gestalt, oft bis zum Morgen ertönen lässt. Ganz leise Stimmen hörte ich noch aus den nächsten Hütten, in denen allmählich die Feuer niederbrannten, und nur ganz dumpf in weiter Ferne grollte noch zuweilen der Donner, so dass ich mich endlich sorglos in den Poncho wickelte und dem Schlummer überliess.

Es mochte kaum eine Stunde vergangen sein, als mich ein heftiger Windstoss weckte. Der Himmel war schwarz bezogen und knarrend bogen sich die schlanken Bambusstämme rings im Walde. In dem grossen Hause des Paí hörte ich lärmendes Geräusch in abgemessenem Takte, als wie von vielen Menschen. Da kam der Häuptling des Dorfes zu mir und forderte mich auf, des drohenden Sturmes halber in sein festeres Haus überzusiedeln, und da auch schon schwere Regentropfen fielen, folgte ich und trug all meine Habseligkeiten zu ihm hinüber. Wir traten in eine grosse festgedeckte Halle, in der an drei Feuerstellen drei Familien ihre Heimstatt besassen. Hier wohnte der Herrscher mit seinen beiden Schwiegersöhnen, während an dem Feuer, zu dem er mich führte, seine Frau und die jüngste Tochter kauerten. .

Ich dankte dem Himmel und unserem Mburubischá, der sich sehr gebildet Schuan Feliz nannte, denn kaum war ich sicher geborgen, so brach das Unwetter mit jener gewaltigen Heftigkeit los, wie sie den Tropenstürmen eigen ist. Im Hause des Paí ward der Lärm

[1]) Ist spanisch; zu deutsch »zu Hülfe!«

immer stärker und Don Schuan bedeutete mich, dass sie dort beteten. Bei jedem Donnerschlage schmiegte sich die bildhübsche Niantúka an den Arm ihrer »Sy«[1]) und suchte mit einem Zipfel der mütterlichen Sábana ihren zitternden braunen, jungfräulichen Körper zu bedecken.

Don Schuan hatte sein Haupt mit dem reichen Federschmuck einer prächtigen Jeguacá bedeckt, die tembetá, einen fusslangen dünnen Lippenpfeil aus durchsichtigem Harz durch ein Loch der Unterlippe gesteckt, in der es durch ein Kreuz am oberen Ende festgehalten wurde, und forderte mich auf, ihn zum Gebethaus zu begleiten. Es war ein Hundewetter, aber ohne Zögern folgte ich ihm durch den strömenden Regen in das Haus des Paí wo ich fast die ganze Tolderia, wie die Spanier eine Indianerniederlassung nennen, versammelt fand, die hier mit einem Höllenspektakel sich bemühte, den im Gewitter zur Erkenntniss getretenen Unwillen des bösen Geistes zu besänftigen.

Der ganze grosse Raum war in tiefes Dunkel gehüllt. Dicht gedrängt kauerten die Weiber und Kinder an der Erde, die Gesichter alle der einen Wand zugekehrt, an welcher in Mannshöhe eine ganze Reihe armlanger mit bunten Federn gezierter Holzkreuze hing. Zu beiden Seiten flackerten düster einige an den Pfeilern aufgehängte Wachsdochte und am Boden standen ausgehöhlte Orangenschalen mit Fett gefüllt, in denen ein baumwollener Lappen brannte.

Es war drückend heiss in dem menschengefüllten Saal, an dessen Wänden ringsumher halbnackte Männer lehnten. Vor den Kreuzen hatten acht bis zehn von ihnen sich in einer Reihe aufgestellt, jeder hielt mit beiden Händen gepackt einen vier Fuss langen, fünf Zoll dicken Bambusknüppel aufrecht vor sich, dann stiessen alle zugleich damit im Takte auf den festgestampften Lehmboden, während sich die ganze Reihe beständig drei Schritte nach rechts, drei Schritte nach links hin und her bewegte und dazu in heulendem Tone nach eigenartigem Rythmus sang, immerfort dieselben Worte wiederholend »a njemboé poràng, ich bete schön, ich bete gut.« Und als genügte ihnen noch nicht der vollführte Lärm, griffen noch Andere in die Ceremonie mit ein und schüttelten die Mbaracá, den mit Bohnen gefüllten Porongo, die getrocknete Schale einer ausgehöhlten kürbisähnlichen Frucht, während wieder Andere auf kleinen Rohrpfeifen bliesen.

Bald waren die braunen Rücken mit perlendem Schweiss bedeckt, immer drohender sausten die Bambuspfähle zu Boden, immer lauter toste der lärmende Gesang in den dazwischen rollenden Donner, das

[1]) Mutter.

betäubende Geprassel des strömenden Regens, das Sausen des Sturmes und das knarrende Aechzen der vom gewaltigen Winde zerzausten und gerüttelten Urwaldriesen, deren Aeste man von Zeit zu Zeit krachend niederstürzen hörte. Und immer wieder bewegte sich die zitternde, schweisstriefende Menschenreihe vor den bunten Kreuzen hin und her, einzelne Sänger traten völlig erschöpft zurück, andere nahmen ihre Plätze ein, und schoben sich mit den Kameraden, drei Schritte rechts, drei Schritte links, immer hin und her, den Bambuspfahl schwingend, mit dem leidenschaftlichen Geheul »a njemboé poráng, a njemboé poráng!«

Eine volle Stunde war vergangen, mir schwindelte der Kopf, ich konnte es nicht mehr aushalten. Unbemerkt zog ich mich zurück und eilte der Hütte meines Gastfreundes zu, wo sich dieser bereits mit mehreren Söhnen eingefunden hatte. Wir alle lagerten uns nebeneinander in strahlenförmigem Kreise um das Feuer, die Köpfe diesem zugekehrt, und wenn wir auch nicht schliefen, so ruhten wir doch, während das tosende Unwetter noch bis in die Morgenstunde anhielt, begleitet von dem heulenden Beten im Hause des Paí.

Ich lag zwischen den Andern, konnte aber nicht wie sie den Kopf in die warme Asche wühlen, sondern breitete mir ein Tuch darunter und rutschte so weit es anging von dem hitzestrahlenden Feuer fort. Aus der Hängematte drang zuweilen ein schwaches Stöhnen der alten Frau herüber, einen oder den anderen Schlafkameraden hörte ich noch leise summend in bekannter Melodie »a njemboé« murmeln und dann schlief ich doch endlich ein.

Den anderen Morgen war das Wetter schön und die gewohnte friedliche Ruhe lag wieder über dem Dörfchen. Die alte Frau fühlte sich zwar noch schwach aber doch wesentlich besser, und Jedermann ging seiner Beschäftigung nach. Ich hatte Schuan schon mehrmals gefragt, wie es mit einem Boot für die Fahrt nach dem Paraná stände, aber stets ausweichende Antworten erhalten. Als ich heute wieder darauf zurückkam, meinte er, die Ausbesserung seines Bootes würde morgen beendet sein, und wenn ich auf die Rückkehr des Depotbootes nicht weiter warten wolle, könnte ich mit ihm die Reise machen; für 60 Patacon wolle er die Sache übernehmen. Er liess noch etwas mit sich handeln, rief aber zur Abwickelung des Geschäftes die erfahrensten Leute des Dorfes herzu, aus deren unsinnigem Geschwätz ich bald erkannte, dass sie von dem Werth des Geldes keine Ahnung und die Summe nur in's Blaue hinein genannt hatten. Leider wusste ich nicht, wie sich seiner Zeit Graf Antonelli mit ihnen arrangirt hatte.

Jetzt galt es, die Reisevorbereitungen zu treffen. Ein Bote ward nach dem Depot Ivahú gesandt, um Fleisch zu kaufen. Er musste über den Strom setzen und dann noch 2 Leguas nach Norden gehen, kam aber Mittags mit dem Gelde zurück und brachte den Bescheid, dass der Verwalter der Gesellschaft nichts verkaufen dürfe. So musste der Mann noch ein Mal den Weg machen, um dem Majordomo einen Brief von mir zu überbringen, der dann auch den Erfolg hatte, dass mein Bote mit 1½ Arroben, etwa 45 Pfund Fleisch ankam, die mir Snr. Emilio Pedroso mit viel guten Wünschen für glückliche Reise zum Geschenk übersandte. Ich spreche ihm hier meinen Dank dafür aus.

Auch Schuan sammelte einige Vorräthe an Mais und Bataten, aber nun ging das Betteln los. Jeder wollte ein Stückchen Rindfleisch haben, das ihnen selten zu Gesichte kam, und da ich es nicht mit ihnen verderben durfte, so musste ich freigiebig austheilen, obwohl dadurch mein Vorrath arg zusammenschmolz.

Zur Feier unserer Abreise ward ein kleines Fest veranstaltet, bei welchem eine reichliche Menge Schischa getrunken wurde. Es ist dies ein berauschendes Getränk, zu dessen Bereitung der geschälte Mais gekaut wird; dieser, mit reichlichem Speichel vermischt, liefert nach vollendeter Gährung das beliebte Getränk.

Einen Glanzpunkt des Festes bildeten die Vorstellungen der Kunstschützen, die allerdings Erstaunliches leisteten. Unter Anderem legte sich einer der jungen Männer auf den Rücken und schoss dann fünf Pfeile in die Luft, die etwa fünf Schritt hinter ihm sich aufrecht stehend dicht nebeneinander in die Erde bohrten und dabei ein vollkommen regelrechtes Kreuz bildeten.

Am andern Tage, den 28. August Nachmittags 3 Uhr schifften wir uns ein. Schuan führte das Kommando und that garnichts, sein Schwiegersohn Curijú, die Wasserschlange, sass am Steuer und ein grosser, starker Knecht musste mit einer Stange schieben. Sie nannten ihn Jurú-njerá, Schwätzer, aber der etwas beschränkt aussehende Kerl hat während der ganzen Reise den jurú (Mund) nicht aufgethan.

Am ersten Tage kamen wir nicht weit. Schon nach zweistündiger Fahrt machten wir an einem steilen Sandufer Halt. Während die Indianer Feuer machten und Fleisch am Spiesse brieten, schaffte ich mein Gepäck, das aus Waffen, Instrumenten und Decken bestand, an Land und richtete mein Lager für die Nacht her. Schuan überraschte mich mit einigen Bananen. Trotz des lebhaft unterhaltenen Feuers mit seinem starken Rauch belästigten uns die Mosquitos fürchterlich.

Am 29. August bei Tagesanbruch erwärmten wir uns mit heissem Mate und setzten die Fahrt um 6 Uhr fort. Der Fluss ist auffallend gewunden, verfolgt aber im Allgemeinen eine weit südlichere Richtung als in den Karten angegeben ist, die ihn gerade nach Osten laufen lassen. Ich habe sowohl auf der Hin- wie auf der Rückreise alle Windungen des Rio Igatimí nach Kurs und Distanz sehr gewissenhaft und so genau wie nur möglich aufgenommen, und danach den Lauf des Flusses in der beigegebenen Skizze (Karte I) eingetragen. Die Krümmungen sind oft so stark, dass man nach stundenlanger Fahrt sich wieder sehr nahe am Abgangsorte befindet, so dass die Geduld des Reisenden auf eine harte Probe gestellt wird.

Die Ufer sind dicht bewaldet und bieten mit ihrem mannigfachen Grün, aus dem rothe, weisse und blaue Blüthen hervorleuchten, einen wunderschönen Anblick, der noch stellenweise durch das grelle Gelb zahlloser wilder Apfelsinenfrüchte erhöht wird. Die mächtigen Bäume des Urwaldes treten bis dicht an das Wasser heran und über ihnen sieht man im Süden die Ausläufer des Maracayú-Gebirges, während sich nach Norden niedrigere Hügel bis in die dunstige Ferne verlieren.

Unter den grossen Bäumen fiel mir die Menge von Ingá auf, die man leicht mit dem ebenso häufigen Guapo-y verwechseln kann. Die Vogelwelt zeigte sich sehr stark vertreten, grosse Reiher, Juka-pirá (Fischtödter) standen nachdenklich auf über dem Wasser hängenden Zweigen, und der neugierige Martin pescador folgte beständig unserem Fahrzeuge. Häufig sah ich auch den Schacurú, ein graues Vögelchen von der Grösse unserer Lerche mit sehr langem, kräftigem Schnabel und auffallend kurzen Flügeln. Grosse Brüllaffen, Caradjá, hatten uns während der Nacht belästigt, dafür entschädigten uns die niedlichen kleinen Caí durch ihre lustigen Sprünge in dem röthlich-gelben Laube der Cupay-Bäume. Um Mittag hatten wir sechs Stromschnellen zu passiren, deren schäumende Wasser mit viel Geräusch über die oft bis an die Oberfläche ragenden Felsen stürzen und unseren Steuermann zu allergrösster Vorsicht nöthigten.

Dann aber, als das Getöse dieser sechs y-tororóng (hüpfende Wasser) verklungen war, umfing uns eine unheimliche, beängstigende Todtenstille. Kein Laut war zu hören, kein Leben zu sehen, schweigend wälzte sich unser grosser Strom zwischen den stillen Ufern dahin, von denen an hängenden Aesten lange Luftwurzeln und Schlingpflanzen in die Fluth hinabreichten. Da erblickte ich einen Baum mit seltsam zierlicher Blüthe, deren lange Staubfäden in vollem Büschel graziös aus dem röthlich-violetten Kelche hingen, und um mir einige der Blumen zu verschaffen, von denen ich später erfuhr, dass mit ihnen nach einer paraguay'schen Legende, die Jungfrau das Jesuskindlein gezüchtiget habe, liess ich das Boot auf den Baum zusteuern, den die Indianer mit Jukerí bezeichneten. Aber ein unerträglicher Gestank liess mich von meinem Vorhaben abstehen, denn an einem in das Wasser ragenden Aste hing eine todte Boa constrictor, eine Mboi-jaguá, schon stark in Verwesung übergegangen.

Am Nachmittag hatten wir die letzte, die siebente Schnelle zu passiren, dann stiessen wir auf keine Hindernisse mehr, auch machte der Fluss jetzt nicht solch kapriziöse Windungen; erst am Abend fingen diese wieder an und es änderte sich dann auch der förmlich schlingenartig verworrene Lauf des Igatimi nicht mehr. Als es schon zu dämmern begann, sahen wir einen ausgewachsenen Mborevi (Tapir) den Strom durchschwimmen und mit grosser Gewandtheit das Ufer ersteigen. Der auf ihn abgegebene Schuss hatte keine Wirkung.

Um 6 Uhr Abends landeten wir an einer sehr steilen, dick mit Buschwerk bewachsenen Stelle, die aber wegen einer stark ausgetretenen Tapirfärthe doch der günstigste Anlegeplatz war, den wir finden konnten. Es kostete einige Mühe, den Lagerplatz von Sträuchern und Unterholz zu säubern, während dessen gelang es mir aber, eine grosse schwarze Ente zu schiessen, die schon für die Nacht aufgebäumt hatte. Unserem Lagerplatze gegenüber, am linken Ufer des Igatimi, dehnt sich die grosse Lagune Piry-ti (Schilfdickicht, von piry, Schilf) bis in die Nähe des Paraná-Stromes aus, von dem wir jetzt nicht mehr allzuweit entfernt waren.

Unter einem gewaltigen Ambay (Feigenbaum) breitete ich meine Decken aus und setzte den letzten Rest der letzten Cigarre in Brand, an der ich nun schon zwei Tage geraucht hatte. Von jetzt an hiess es fasten, auch in Bezug auf Speisen, denn die Indianer hatten nach ihrer Weise das Fleisch, ohne an die Zukunft zu denken, völlig aufgezehrt; auch von der Ente war nichts übrig geblieben.

Trotz der Winterzeit gab es viele Mosquitos. Ich streifte mir zum Schutz gegen diese Quälgeister ein Schmetterlingsnetz über den Kopf und ein Paar Strümpfe über die Hände, und schlief so ganz gut, nur wurden wir zwei Mal von Tapiren alarmirt, die über den Fluss geschwommen waren und ihren gewohnten Ausstieg benutzen wollten.

Am 30. August früh um 6 Uhr brachen wir auf, tranken den letzten noch vorhandenen Mate und stiessen um 7 Uhr ab. Ein dichter Nebel lag auf dem Wasser, der mich frösteln machte. Die Ufer waren jetzt beiderseits flach und sumpfig, aber dennoch wand sich der Fluss in scharfen Windungen zwischen dem düsteren Walde hindurch, überall grosse Inseln von Camalota, einer breitblättrigen Wasserpflanze, mit sich führend.

Um halb zehn Uhr zertheilte sich der Nebel und plötzlich sahen wir vor uns die glitzernde Fläche des Riesenstromes, in den wir jetzt einbogen, um den Kurs nach SSW zu verfolgen. Der Mündung des Igatimi gegenüber bemerkte ich eine kleine Insel, die ich Helgoland nannte; das dahinter liegende Ufer zeigte sich durch Wasserläufe zerrissen, und versicherten mich die Bootsleute, dass hier nicht eine einzige grosse Insel zwischen den beiden Armen des Paraná liege, sondern eine grosse Anzahl kleinerer, zwischen denen schmale Bäche hindurchflössen, sowie dass eine Tagereise nördlicher ein breiter Kanal die beiden Flussarme verbinde. Diesen Angaben entsprechend, die mir auch später in Tacuaratí wiederholt wurden, habe ich die sogenannte Ilha do Salto Guayrá in die Skizze eingezeichnet.

Von $11^h\ 30'$ bis 1^h machten wir am rechten Ufer Rast, da die Hitze sehr gross war. Wir konnten jetzt den grossen Wasserfall dumpf rauschen hören. Als wir weiter fuhren, mass ich die Fahrt unseres Bootes zu 2 Seemeilen die Stunde. Der Wasserstand war zur Zeit ein niedriger, denn am Ufer kenntliche Merkmale früheren Standes fand ich $^1/_2$ Meter über dem Wasser. Um 4 Uhr erreichten wir die Vereinigung der beiden Flussarme, beziehungsweise die Südspitze der Insel, und fanden nun den Strom sehr breit, nach meiner Schätzung wohl 3 Seemeilen. Vor uns im Süden sahen wir zahlreiche schwarze Felsenklippen aus dem Wasser ragen und dahinter einen weisslichen Nebel aufsteigen: das war der Dampf und Staub des Falles, wir näherten uns dem Ziel der Reise!

Zur Rechten trat jetzt das Ufer ziemlich weit zurück und bildete eine grosse Bucht, an deren Südufer wir um $5^h\ 10'$ landeten.

Die Ufer waren überall ringsum von hohen Bäumen der sich unermesslich weit ausdehnenden Urwälder dicht bestanden, aber an einer Stelle sahen wir wenig Unterholz und Gestrüpp, weshalb wir gerade auf sie zusteuerten. Zur grössten Freude bemerkten wir sehr bald Menschen sich dort bewegen, nach so tiefer Einsamkeit zweier Tage eine wohlthuende Ueberraschung. Es waren drei Männer, eine Frau und ein halberwachsener Knabe. Sie empfingen uns freundlich aber sehr gemessen. Als wir hörten, dass sie auch eben erst angekommen waren, schlugen wir ihnen vor, sich neben uns niederzulassen, was sie jedoch ablehnten. In kurzer Unterhaltung theilten sie uns mit, dass sie von ihrem letzten Wohnorte in zwei Tagereisen des Fischens halber hergekommen wären, darnach gingen sie etwa 50 Schritte tiefer in das Holz. Alle waren in völliger Reiseausrüstung mit Waffen, Fischereigeräth und kleinen Bündeln bepackt. Die Männer trugen in Taschen aus Affenfell allerhand Kleinigkeiten, die Frau hatte den üblichen tocumbó, Lederriemen von Schlangenhaut, vor die Stirn gelegt und trug daran auf dem Rücken in einem grossen Sacke ihren Säugling.

In bewunderungswürdig kurzer Zeit hatten meine Begleiter zwei ganz hübsche Hütten aus leichten Zweigen errichtet, die uns sofort gut zu statten kommen sollten, denn in der Nacht zog ein starkes Gewitter herauf und überschüttete uns mit dicht niederströmendem Regen, der sogar das eine unserer Feuer verlöschen machte. Abgesehen von dieser Unannehmlichkeit war aber der Eindruck des grollenden Donners, wenn er sich in das wilde Brausen des Falls mischte, grossartig wie die polternden Stimmen zweier streitender Giganten.

Am frühen Morgen ging ich auf die Jagd, da uns der Hunger quälte. Des Dickichts wegen konnte ich nur am Strande der Bucht vordringen, von wo aus ich mich an dem wundervollen Panorama ergötzte. Der Riesenstrom lag in seiner vollen Breite vor mir wie ein mächtiger See, umgeben von dem herrlichen Grün des ewig schweigsamen, geheimnissvollen Waldes. Rechter Hand drängt sich die enorme Wassermasse durch die niedrigen Felsen des Maracayú-Gebirges, über dessen südlichen Abhang der Strom fast eine Legua weit in die 20 Meter tiefer liegende Ebene hinunter rast. Vor diesem Eingang in die grausige Wasserschlucht liegen zahlreiche kleinere Klippen und Felseninselchen, zwischen denen das schon stark zusammengedrängte Wasser schäumend und brodelnd seinem Absturze zueilt.

Meine Jagd war nicht sehr ergiebig; ich kehrte nur mit einem Papagei und zwei Tukanen zurück, die ohne Zuspeise nur ein spärliches Frühstück abgaben. Dann machte ich meine astronomischen Beobachtungen, welche die geographische Breite meines Lagerplatzes mit 24° 3′ 16″ S ergaben. Während der ganzen Zeit des Beobachtens musste mir einer der Indianer die Mosquitos verscheuchen, sonst wäre es mir absolut unmöglich gewesen, etwas zu thun.

Am Nachmittage ging ich in Begleitung eines meiner Leute und des Fischers an den Fall. Der Weg dahin führte durch sehr dichtes Unterholz und mehrere kleine Bäche, erst in östlicher, dann südlicher Richtung. Nach etwa einer Stunde erreichte ich den nördlichsten der drei besonders schönen Aussichtspunkte, die ich in der Karte durch Kreuze bezeichnet habe. Aus dem wirren Gestrüpp heraustretend, zeigt sich dem überraschten Blicke ein geradezu überwältigender Anblick. Die Felsenklippen des westlichen Ufers, auf die ich hinaustrat, fallen beinahe senkrecht mehr als 15 Meter in die Tiefe, wo das wild tosende, in ewigen Schaum und Gischt verwandelte Wasser mit rasender Geschwindigkeit vorüher schiessend, das schräge Flussbette hinunterstürzt. Etwa 100 Meter gegenüber erheben sich eben so steile Felsenzacken, zwischen denen zahlreiche grössere Katarakte von dem höheren Niveau der östlichen Seite in die tiefere westliche Rinne herabfallen. Rechts schaut man die Schlucht hinab, wo das thalwärts stürmende Wasser ebenfalls grosse Wasserfälle von Osten her aufnimmt, während man nach links blickend den Strom von oben herunter kommen, zwischen zahlreichen Inseln in kleineren Fällen abstürzend, auf sich zuwirbeln sieht. Und weiter oben, wo bei einer westlichen Biegung der grossartigen Felsenschlucht die Steinwand einer hohen Insel sich quer vor die weiter suchenden Blicke schiebt, zeigt sich über den Klippen der Dunst und weissliche Dampf der dahinterliegenden Massen, die da oben ein wahres Chaos von vielen niedrigeren Kascaden bilden, über deren hoch in die Luft steigendem Wasserstaube sich farbenprächtige Regenbogen wölben.

Der tosende Donner der gewaltigen Menge rauschender Massen und abstürzender Fälle ist ohrenbetäubend, sinnverwirrend, das ganze Bild in seiner Eigenart mit keinem anderen grossen Falle vergleichbar. Der Niagara, der Y-guasú sind als einzelne Wasserfälle weit bedeutender, aber nirgends findet man eine solch ungeheure Menge von Fällen auf einen Fleck vereinigt, die diesem Naturspiel den Charakter des Dekorativen, Theatralischen verleihen.

Den wunderbaren Genuss trübten mir die wüthenden Angriffe der Mosquitos, die mich entsetzlich peinigten wenn ich auf Augenblicke den Schleier lüftete. Die ganze Luft schien mir voll von diesen kleinen Bestien zu sein. Dabei fiel mir auf, dass meine halbnackten Indianer nur wenig von ihnen belästigt wurden, sowie dass im Gehölz fast garkeine waren.

Ich gab den fünf grössten Fällen, die ich von hieraus sehen konnte, ihre Namen und setzte meine Wanderung nach Süden fort, wobei ich eine Einbuchtung der Felsenwand zu umgehen hatte, und kam dann an eine zweite vorspringende Klippe, von der ich die beiden Fälle sehen konnte, die in einen Kessel stürzen, dessen Inhalt sich dann in den weiter hinablaufenden Strom entleert.

Weiter den Fall entlang nach Süden zu wird der Weg noch beschwerlicher, aber seitwärts abbiegend fand ich noch einige zugängliche Stellen des Flussufers, und von jeder derselben boten sich neue Schönheiten, überraschende Veränderungen in der Konfiguration der vor den Fällen liegenden Felsen.

Als ich mich gegen Abend wieder am Lagerplatze einfand, wurde ich angenehm durch die Mittheilung berührt, dass die Thätigkeit der

Fischer inzwischen recht erfolgreich gewesen war, so dass ich einigen Mundvorrath erhandeln konnte.

Am 2. September trat ich die Abfahrt am frühen Morgen an. Als wir die kleine Bucht durchquerten, an deren Ufer mein Lager gestanden hatte, trug ich sie als »Bahia Emma« in meine Skizze ein. Am Abend erreichten wir die Mündung des Igatimi und blieben die Nacht an seinem rechten Ufer auf einer Landspitze, welche Bove Punta Luisa genannt hat.

Die weitere Rückfahrt den Igatimi hinauf war sehr beschwerlich. Da die Jagd nicht viel einbrachte, litten wir empfindlich an Hunger, so dass wir fast nur von den süsslichen Früchten der Mbocadjá-Palme leben mussten. Die Pindó-Palme, deren weiche Spitzen jung anschiessender Blätter essbar sind, fanden wir am Ufer nirgends. Erst am 6. September Mittags erreichten wir Tacuaratí, wo ich mein Pferd und das in Schuan's Hütte gelassene Gepäck wohlbehalten wiederfand. Anderen Tags trat ich die Rückreise an, war am 8. September in Mocoi, am 9. Abends im Indianerdorf am Moroti, am 10. im verlassenen Rancho Patino, am 11. im Corral. Die Reise ging sehr langsam von statten, weil ich oft von Regen aufgehalten wurde, manchmal erst Mittags satteln konnte. Am 12. September Abends bei einbrechender Dunkelheit traf ich wieder in Ipe-hú ein, das ich vor vier Wochen verlassen hatte.

Die geographischen Ermittelungen dieser Reise, auf Grund deren ich die beigegebene Skizze entworfen habe, sind, soweit sie von den mir bekannten Karten abweichen, folgende: Die Eintragung der rechten Nebenflüsse des Igatimi, zu denen, entgegengesetzt anderen Angaben, nun auch der Y-poi zu rechnen ist. Die linken Nebenflüsse habe ich nicht selbst besucht; über sie konnte ich nur die möglichst sorgfältig ausgewählten Angaben der einheimischen Bewohner benutzen. Die geographische Breite von Ipe-hú, Mocoi, Tacuaratí und des Südrandes der Bahia Emma konnte ich fest nach astronomischen Beobachtungen bestimmen und darnach den Lauf des Igatimi korrigiren. Die Längenbestimmungen gebe ich, aus schon erwähnten Gründen, nicht nach den Chronometerbeobachtungen, sondern nach den sehr zuverlässigen Kompassrichtungen und zurückgelegten Distanzen. Hiernach habe ich die Länge des Salto Guayrá auf 54° 15′ W von Greenwich gefunden, also 20 Minuten östlicher, als sonst allgemein angenommen wird.

Fasse ich kurz das Ergebniss meiner Reise zusammen, so gipfelt dasselbe darin, dass meine Beobachtungen von den mir bisher bekannt gewordenen Annahmen nach zwei Seiten hin abweichen: bezüglich des unteren Laufes des Rio Igatimí und in Betreff der geographischen Lage des grossen Wasserfalles im Rio Paraná, des Salto Guayrá.

Was zunächst den Rio Igatimi anlangt, so richtet sich die untere Hälfte seines Laufes nicht — wie in allen mir bekannten Karten angegeben — direkt von W nach O, sondern er macht bei Mocoi einen grossen Bogen nach S und bei Tacuarati einen solchen nach N, um dann in südöstlicher Richtung bis zum Paraná zu laufen, den er weit südlicher erreicht, als in den Karten angegeben wird. Auffallend ist dabei, dass dieser letzte Theil unterhalb Tacuarati, obgleich er nicht mehr durch stark gebirgiges Land fliesst, ausserordentlich viele und kapriziöse Windungen macht. Auf seiner linken Seite ist das Land ganz flach, oft von grossen Sümpfen bedeckt, nur in weiter Ferne erblickt man gegen N gelegene, höhere Berge. Im Süden des Flusses erstreckt sich zwar die westöstlich gerichtete Kette des bis ca. 600 m über dem Meere ansteigenden Cerro Maracayú, aber auf der Länge von Tacuarati fällt dies Gebirge stark ab und zeigt bald nur noch unbedeutende Hügel, die sich noch dazu immer mehr und mehr vom Flusse zurückschieben, so dass dieser zuletzt auch auf seinem rechten Ufer einen breiten Streifen ganz flachen Landes behält. Dennoch sind gerade dort seine Krümmungen so stark und so nahe bei einander, dass man oft nach stundenlanger Bootfahrt nur sehr wenig an der Luftlinie gewonnen hat.

Die geographische Lage des Salto Guayrá habe ich sehr viel östlicher gefunden, als sie nach dem Vorgange von Mouchez mit 54° 35′ W. v. Gr. angegeben wird. Ich hatte keine Gelegenheit, eine Sternbedeckung zu beobachten und will dem Chronometer, dem auf solchen Reisen zu Pferde sehr viel zugemuthet wird, nicht unbedingt vertrauen, aber die aufmerksamste Notirung der zurückgelegten Distanzen und Kompassrichtungen liessen mich ungefähr 54° 15′ W. v. Gr. finden. Dabei habe ich angenommen, dass die Länge von Igatimi, meinem Ausgangspunkt für diese Reise, in den Karten richtig angegeben ist.

Da hier der Paraná durch fast drei Breitengrade einen im Ganzen von Nord nach Süd gerichteten Lauf innehält, und dabei die Grenze zwischen Paraguay und Brasilien bildet, so würde eine solche Verschiebung nach Osten um 20 Minuten in Länge von weittragender Bedeutung sein.

www.ingramcontent.com/pod-product-compliance
Lightning Source LLC
LaVergne TN
LVHW091731021026
849161LV00003BB/565